www.ingramcontent.com/pod-product-compliance
Lightning Source LLC
Chambersburg PA
CBHW070428220526
45466CB00004B/1589
* 9 7 8 1 6 9 1 0 9 2 1 5 4 *